U0080508

我們人類寶寶
是仰賴爸爸媽媽
不辭辛勞地悉心照顧，
在安全的環境下健康長大。
野生的動物寶寶又是如何呢？
問了一下就發現……

非常地
辛苦啊！！

若用一句話來形容，要存活下來還真是

我啊只有4天的時間
可以喝媽媽的奶，
所以不趕快獨立是不行的

人家每次都得靠媽媽
幫忙舔掉屁股上的便便，
否則立刻就會被敵人發現

咱們一出生就要趕快
朝大海全力衝刺，要不然
恐怕會被敵人吃掉哇

我們長大以後，
居然會變成
金髮……

這倒是……
沒辦法嘛！

身上的水珠狀花紋讓我得以融入森林之中，所以敵人很難發現我唷

也就是說，即使如此大家也在努力加油，為了生存而一路演化至今。

除此之外，我們這群動物寶寶還有很多為了求生而演化出的構造！

那麼，就趕快一起來瞧瞧吧！

現在手上正拿著這本書的各位朋友，以前**肯定**都曾經當過「**寶寶**」。「哇哇──！」大叫著從母親腹中呱呱墜地之後，在爸爸媽媽的照料和守護之下健康長大，此時此刻才有了今天的在座各位。

動物就跟大家一樣，在最一開始誕生之初都是小寶寶。有像人類一樣從媽媽肚子裡出生的動物寶寶，也有從硬殼中孵化而出的動物寶寶……根據種類的不同，出生的方式也五花八門。牠們在嚴峻的自然環境中考量的重點，就是該如何竭盡

所能地延續自己的後代，**歷經了無數次演化**，才得以將血脈一路傳承至今。

在那樣的動物寶寶們的生態當中，隱藏了許多**詭譎怪誕的（⁉）「沒關係的一面」**。讓人忍不住莞爾一笑的愚蠢習性，還有不知不覺想為牠們聲援「加油啊！」的各種惹人憐愛的趣聞軼事，本書通通都有介紹。動物們奮力求生而努力的姿態，都是在教導我們生命的重要性與不可思議之處。

來，一起去探索沒關係動物寶寶們的秘密吧！

目次

序章……1

前言……6

第1章
最喜歡爸爸媽媽了！
是撒嬌鬼的沒關係寶寶

非洲雛鳥寶寶在爸爸的身體裡擠成一團帶著走……14

穴兔寶寶在媽媽的落毛溫床上安穩入眠……16

無尾熊寶寶散發著一股有如喉糖般的氣味……18

海獺寶寶太過蓬鬆柔軟而無法潛入海中……20

座頭鯨寶寶超級會喝……22

湯氏瞪羚寶寶託媽媽的福沒有大便味……24

大象寶寶覺得自己的鼻子礙手礙腳……26

蜜袋鼯寶寶有2個月半會吸著媽媽的乳房不放……28

歐卡皮鹿寶寶出生後數十天內都不會大便……30

若媽媽去洗澡的話貓寶寶會很困擾……32

專欄
聰明的人都～這樣做！
用便當作副食品是正確的嗎？……44

洞穴鼇蝦寶寶的雙親老到可以當爺爺和奶奶……34

大白鯊寶寶在媽媽腹中坐擁乳汁而白得發亮!?……36

懶熊寶寶從小就很懶!?……38

盤麗魚寶寶喝黏糊糊的奶水長大……40

南方巨鱸寶寶是以媽媽吃過的屍體嘔吐物為食……42

第2章
即使如此也要活下去！
奮力求生的沒關係寶寶

倉鼠寶寶太會玩捉迷藏讓媽媽很困擾……48

藏酋猴寶寶常常被當作成猴用來和好的道具……50

倉鴞寶寶從小就要學會懂得察言觀色……52

指猴寶寶要學會鑿洞取物的技術得花4年……54

袋鼠寶寶的救命繩索是媽媽的口水……56

褐色擬椋鳥寶寶在垂掛於樹枝上的鼻水巢裡長大……58

第3章

歷經變化的沒關係寶寶

Before & After 華麗大變身！

藍鯨寶寶只要1小時就會變大4kg ⋯⋯ 60

國王企鵝寶寶比媽媽還要大隻而且很像椰棕刷 ⋯⋯ 62

冠海豹寶寶只有4天的時間可以喝母乳 ⋯⋯ 64

雞寶寶的鳥喙上長著一顆超小的牙齒 ⋯⋯ 66

黑猩猩女寶寶會用樹根玩假想遊戲 ⋯⋯ 68

不到6個月大的人類寶寶其實並沒有在哭!? ⋯⋯ 70

多明尼加樹蛙寶寶如果太乾燥
就用爸爸的尿液來潤澤保養 ⋯⋯ 72

那馬瓜沙雞寶寶從爸爸的羽毛裡啜飲滴落的水 ⋯⋯ 74

專欄　自然界引以為傲的奶爸
好想立刻讓爸爸看看！
這位「奶爸」超厲害！ ⋯⋯ 76

貓熊寶寶剛出生的時候身分認同意識薄弱 ⋯⋯ 80

紅鶴寶寶只有腿的部分充滿肌肉且粗壯精實 ⋯⋯ 82

亞洲象寶寶生來活像個老頭子 ⋯⋯ 84

雙峰駱駝寶寶如果鼻尖不變長的話
將無法在沙漠中生存 ⋯⋯ 86

紅腹錦雞寶寶只能在超華麗跟素色當中二選一 ⋯⋯ 88

駝鹿寶寶的外觀跟曬衣夾一模一樣 ⋯⋯ 90

銀色葉猴寶寶限時3個月是金色 ⋯⋯ 92

藍腳鰹鳥寶寶要把雙腳變成藍色才會受歡迎 ⋯⋯ 94

螺角山羊寶寶無法逃離
擁有一對麻煩的角的命運 ⋯⋯ 96

澳洲針鼴寶寶生來就有張大叔臉
而且矮矮胖胖的 ⋯⋯ 98

智利巴鹿寶寶出生後前2個月跟山豬沒兩樣 ⋯⋯ 100

專欄　幫手？那是什麼？好吃嗎？
其實不只媽媽在照顧！
有育兒好幫手的動物 ⋯⋯ 102

第4章

謝謝你出生來到這世上！
誕生方式挺沒關係的寶寶

狗寶寶剛出生的時候沒有耳孔!? ………………… 106

變色龍寶寶的人生第一次變身
戲劇性地超級早 ………………… 108

南方胃育蛙寶寶在媽媽的胃裡出生長大 ………………… 110

牛寶寶最常**誕生於滿月之夜**!? ………………… 112

眼鏡王蛇寶寶即使出生了也絕對見不到媽媽 ………………… 114

負鼠寶寶的兄弟姊妹太多 乳頭的數量不夠 ………………… 116

考氏鰭竺鯛寶寶在爸爸的嘴裡出生長大 ………………… 118

三刺魚寶寶在爸爸做的黏糊糊巢中誕生 ………………… 120

刺蝟寶寶剛出生的時候
背上的100根針是收起來的 ………………… 122

海龜寶寶一路鬥志高昂地向大海行進 ………………… 124

尾聲 ………………… 126

索引 ………………… 127

雖然又歪了！沒關係

動物寶寶圖鑑

今泉忠明

監修

瑞昇文化

第1章

最喜歡爸爸媽媽了！
是撒嬌鬼的沒關係寶寶

就跟我們人類一樣，
動物寶寶們也最喜歡爸爸跟媽媽了！
傾注滿滿愛意而茁壯成長的動物寶寶們的生態，
就讓我們來瞧一瞧吧。

非洲雉鴴

寶寶在爸爸的身體裡擠成一團帶著走

在撒哈拉沙漠以南的非洲大陸的水邊，住著一種非洲雉鴴。牠們藉著修長的腳趾來分散體重，行走在睡蓮等水生植物上，並以昆蟲等為食。

非洲雉鴴是由爸爸負責養育孩子。媽媽的體型比爸爸來得大，在生完蛋之後就會離開鳥巢，負責驅趕闖入地盤的敵人，所以並不會留在雛鳥身邊。

從蛋中孵化的雛鳥，雖然已經具備自己捕食的能力，但會在爸爸的身邊待上一陣子。這是因為牠們還沒有辦法長時間行走的關係。也因此，爸爸會使用一種獨特的移動方式——將雛鳥們塞在翅膀和身體之間的縫隙一起移動。

或許是因為這樣做雛鳥們也會比較輕鬆吧，不過如果是長得比較快的雛鳥，腳就會裸露在外面，看起來就像是別種動物呢。

 動物資料　非洲雉鴴

學名	Actophilornis africanus
分類	鳥綱行鳥形目水雉科
棲息地	熱帶
孵卵期	約24天
產卵數	約3顆

穴兔寶寶在媽媽的落毛溫床上安穩入眠

在山林或田野間挖掘巢穴生活的穴兔。將這種穴兔進行品種改良，馴化成適合作為寵物飼養的兔子，就稱為「家兔」。

因為某些原因所致，穴兔媽媽在即將臨盆前，肚子上的毛會變得特別容易脫落。剛出生不久的穴兔寶寶身上並沒有毛，粉紅色的嬌嫩皮膚清晰可見。在毫無防備的狀態下，沒辦法靠自己禦寒。這個時候媽媽脫落的毛就派上用場了！用收集而來的野草

及落毛製成的手工毛床，對寶寶來說就是一張鬆軟無比的絕佳溫床。媽媽肚子上的毛雖然禿掉了，卻能守護寶寶不受寒冷侵襲。

日本有句俗諺說「即使放進眼睛裡也不會痛（目に入れても痛くない）」，是用來形容可愛到讓人凍未條的人事物，若是換成穴兔媽媽的情況，應該就是「即使把毛拔掉也不會痛」了吧！

動物資料　穴兔

學名	Oryctolagus cuniculus
分類	哺乳綱兔形目兔科
棲息地	阿爾及利亞北部、西班牙、葡萄牙、摩洛哥北部
懷孕期	28～33天
產仔數	5～6隻

無尾熊寶寶散發著一股有如喉糖般的氣味

聽說結束哺乳期的無尾熊寶寶身上，帶著一種有如喉糖般淡雅清新的香味。這應該是用於製作喉糖的尤加利的味道。就跟人吃下大蒜後隔天會為那無法散去的味道苦惱一樣，改吃尤加利葉的寶寶身上會散發一股尤加利味。

附帶一提，其實尤加利葉有毒。儘管無尾熊可以藉著長達2ｍ的腸道來慢慢地解這種毒，但仍需要耗費相當大量的能量與時間。此外，由於尤加利葉中幾乎沒什麼營養，所以為了保存體力，牠們在吃東西以外的時間不是靜止不動就是在睡覺。

要說為什麼會演變成得吃這種麻煩的葉子維生，是因為牠們的祖先在生存競爭中落敗，最後哭哭啼啼地爬到了樹上。令人遺憾的是，樹上只有含毒性的尤加利葉，所以就只能硬著頭皮吃下去了。

動物資料　無尾熊

學名	Phascolarctos cinereus
分類	哺乳綱雙門齒目無尾熊科
棲息地	澳洲
懷孕期	34～36天
產仔數	1隻

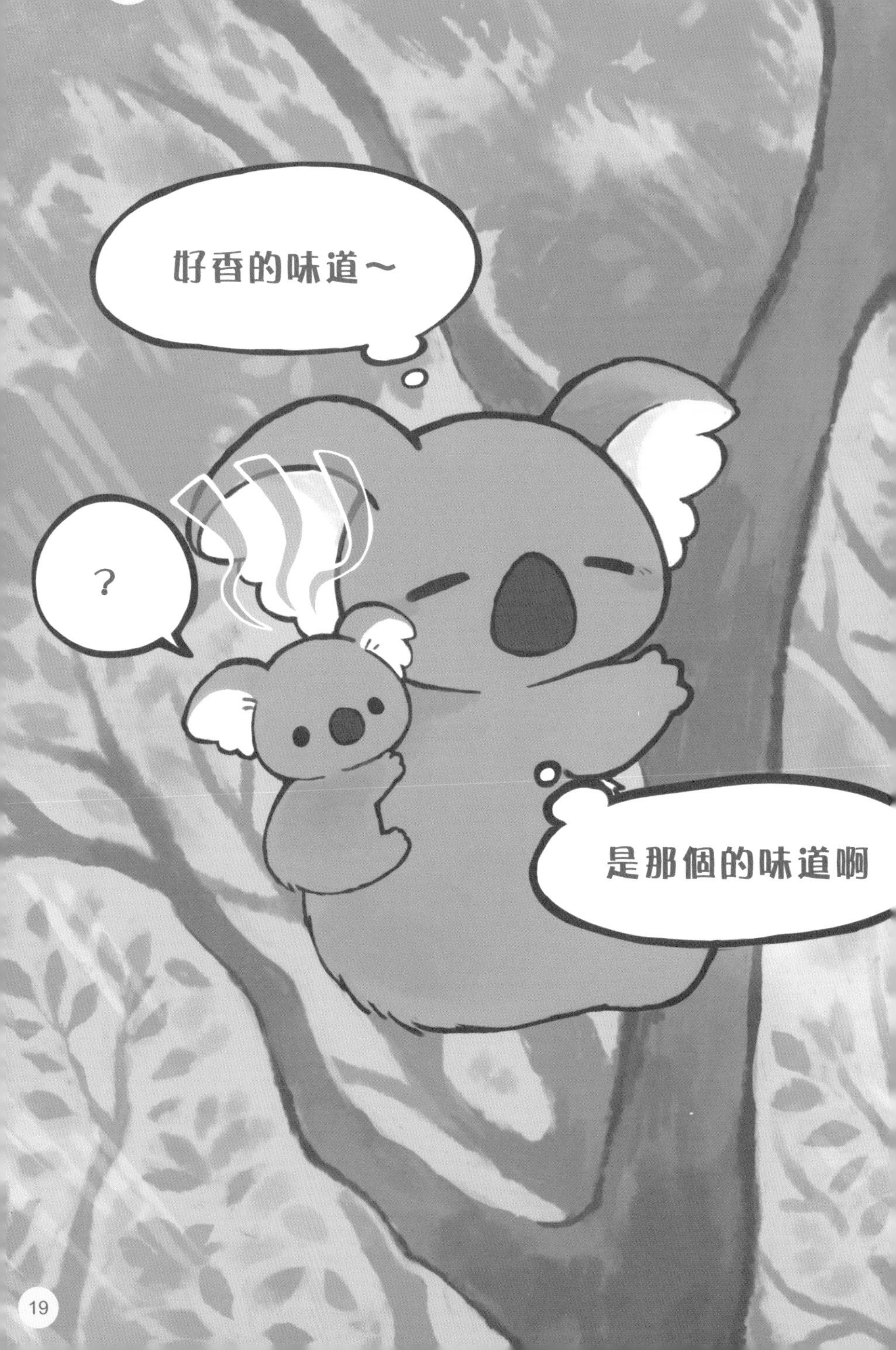
好香的味道～
？
是那個的味道啊

海獺寶寶太過蓬鬆柔軟而無法潛入海中

雖然海獺的大半輩子都是在海中度過，但是在剛出生不久還是寶寶的時候，有個沒關係的特點——雖然可以浮在海面上，卻沒辦法潛水。海獺寶寶全身被蓬鬆柔軟的絨毛所包覆，由於這些絨毛裡含有大量空氣，所以無法潛入海中。

在媽媽潛入海裡獵捕食物的時候，寶寶就輕飄飄地浮在海面上等待。直到媽媽歸來，再把寶寶安置到自己的肚子上，還會用吹

氣的方式來給予孩子溫暖呵護，那模樣簡直就是過度保護呀！

海獺所生活的海水溫度在11℃以下。要是受凍了是會死翹翹的，所以要靠媽媽把濕淋淋的毛髮弄乾。就像這樣，寶寶在直到能夠自立之前都很依賴媽媽。用「不敢把腳面向恩人」[※1]來形容可謂十分貼切，不過由於媽媽的乳頭長在臀部附近，所以唯獨在喝奶的時候會把屁股朝向媽媽。

動物資料　海獺

學名	Enhydra lutris
分類	哺乳綱食肉目鼬科
棲息地	美國、俄羅斯、加拿大
懷孕期	6～9個月
產仔數	1隻

※譯註1：原文「足を向けて寝られない」，意思是感激到不敢以失禮的醜態示人，進一步衍生為對他人的大恩大德無以回報，今生沒齒難忘。這裡用了雙關來解釋其姿勢。

座頭鯨寶寶

超級會喝

座頭鯨寶寶的體長4.6m、體重1.3噸，一出生就擁有大到嚇死人的龐大身軀。

由於生來的體型堪比家用大型冰箱等級，所以飲用母乳的分量也是百萬噸等級。平均1天下來喝掉的母乳量，竟然多達了600ℓ。若是換算成人類的泡澡水，這足足有3大缸的分量呢！由於座頭鯨寶寶的體重約為人的433倍（※），所以牠們可是非常「會喝」的。

若是人類寶寶，1天要喝5次左右的母乳、1次約喝200mℓ，所以1天下來喝下的量大約是1ℓ。而座頭鯨寶寶的哺乳量又是人類寶寶的600倍。要產出如此可觀的奶量的鯨媽媽很辛苦嗎？或許有人會對此感到憂心，不過成鯨的體長約為14m。如果是和四層樓建築差不多大的媽媽，那麼能提供3大缸奶水的事實，也就令人心服口服了。

 座頭鯨

 Megaptera novaeangliae
 哺乳綱鯨目鬚鯨亞目鬚鯨科
棲息地 南極周邊
 約1年
 1隻

※假設人類寶寶的體重以3000g來計算時

湯氏瞪羚寶寶

託媽媽的福沒有大便味

在湯氏瞪羚所居住的非洲有很多肉食性天敵，像是獵豹、獅子等等，而沒辦法像成年瞪羚那樣飛快逃走的寶寶在被敵人發現的瞬間，就注定要跟這個世界說再見了。也因此，媽媽會將寶寶全身上下舔舐乾淨，使其變成沒有味道的狀態。沒有味道且靜止不動的話，就不會被天敵發現，如此一來媽媽就可以將寶寶隱匿於大草原之中，走到較遠的地方去吃草。

為了哺乳而回到孩子身邊的媽媽，會用舌頭舔舐寶寶的屁股。連尿尿或便便也不例外，將整個身體舔得一乾二淨。附帶一提，聽說日本的鹿及長鬃山羊等草食性動物的寶寶，也會有媽媽幫忙把身體舔舐乾淨，所以也沒什麼味道。

雖說是自己親生的寶寶，但這種舔屁股的行為，沒有愛還真做不到呀。媽媽偉大的愛，令人佩服！

動物資料　湯氏瞪羚

學名　Eudorcas thomsonii

分類　哺乳綱偶蹄目牛科

棲息地　肯亞、坦尚尼亞、蘇丹

懷孕期　約188天

產仔數　1隻

大象寶寶

覺得自己的鼻子礙手礙腳

象鼻為什麼那麼長呢？有著一顆大頭的大象要彎曲前腳蹲下身子，是一件非常吃力的事情。因此，有人認為是鼻子和上唇合體後越變越長，最終獲得了一條能夠自由舞弄的長鼻子；也有人主張是因為在水中生活的象祖先有這方面的需求，才會演化成能把鼻子伸出水面之上、比較容易呼吸的型態。

等等。不過，剛出生不久的象寶寶，還不了解該如何使用自己的鼻子。喝奶的時候也是直接用嘴巴喝，所以講白一點這鼻子還挺礙事的。似乎有時還會一不小心踩到自己的鼻子，讓寶寶忍不住發出哀號：「這到底是啥啦？」

就跟人類寶寶會吸手指頭一樣，有時候大象也會吸吮鼻子，在一邊探索鼻子的感覺和使用方法的過程中，漸漸地就學會該如何熟練運用了。

這條長長的鼻子是無所不能的器官，可以拾取物品、吸水來喝

動物資料　非洲象

學名	Loxodonta africana
分類	哺乳綱長鼻目象科
棲息地	非洲全區域
懷孕期	22個月
產仔數	1隻

26

蜜袋鼯寶寶有2個月半會吸著媽媽的乳房不放

有著一雙水亮大眼的蜜袋鼯，和鼯鼠一樣都能展開前腳與後腳之間的翼膜來滑翔。不過牠們和鼯鼠並非近親，而是和袋鼠這類以腹部上的袋子來養育寶寶的動物關係比較近。

蜜袋鼯寶寶生來就是早產兒，一找到媽媽育兒袋裡的乳房後便會牢牢吸住，在接下來的2個月半左右都會維持這種吸吮的狀態生活。當寶寶一把乳頭含在口中，乳頭就會膨脹變大，很難從

嘴巴分離。由於乳頭的前端是直接通到寶寶喉嚨深處的食道，所以即便寶寶沒有出力氣吸住，也不會有脫落的情況。或許一聽到直達食道，不少人會覺得好像有種要嘔出來的噁心感，但對寶寶而言可是非常安心。出生以後就緊黏在媽媽身邊，親子一心同體呢。

動物資料　蜜袋鼯

 學名 Petaurus breviceps
 分類 哺乳綱雙門齒目袋鼯科
 棲息地 澳洲北部、塔斯馬尼亞島
 懷孕期 約17天
 產仔數 1～2隻

28

別看我這樣，
我在育兒中唷

緊緊地吸附在
乳頭上！

歐卡皮鹿寶寶出生後數十天內都不會大便

歐卡皮鹿因為四肢上的條紋十分美麗，所以也被稱作「森林的貴婦人」。有很多人常常會以為牠們是馬或斑馬的近親，但實際上是長頸鹿的近親才對。

歐卡皮鹿養育寶寶的過程超級輕鬆。這是因為媽媽的奶水營養價值非常高，1天只要哺乳1次就綽綽有餘了。和1天要餵5次母乳的人類相比，牠們根本是輕鬆到了極點。

多虧了這個超級母乳，歐卡皮鹿寶寶自出生後約20～30天內都不會大便。八成連最一開始飼育的人們都曾經擔心過：「該不會是便秘吧？」不過，這是因為營養滿分的奶水被寶寶的身體全數吸收，所以根本就不會產生排泄物──也就是糞便。

因為不會大便，所以也不會有因便味洩漏行蹤而被敵人發現的危險。做得真棒呢。

動物資料 歐卡皮鹿（㺵㹢㹓）

學名 ▶ Okapia johnstoni
分類 ▶ 哺乳綱偶蹄目長頸鹿科
棲息地 ▶ 剛果共和國
懷孕期 ▶ 15個月
產仔數 ▶ 1隻

若媽媽去洗澡的話貓寶寶會很困擾

雖然貓寶寶在出生後約10天內都不會睜開眼睛，卻會依循本能藉著氣味和溫度來找到媽媽的乳頭。

媽媽的乳頭有4對，共8個（依種類而異，6～12個都有可能）。直到寶寶可以睜眼識物為止，都是吸吮媽媽的同一個乳頭在喝奶。由於寶寶們沒辦法把爪子縮回去，所以要是乳頭爭奪戰開打了，戰況肯定會十分激烈。為避免弄得渾身是傷，在最一開始就先決定好自己的專用乳頭，大家才能相安無事地一起喝奶。

每個乳頭的氣味和舌觸感皆各有不同，所以就算眼睛看不到，也能靠氣味和舌觸感知道自己的乳頭在哪。

但要是媽媽去洗澡可就糟糕了。氣味等專屬記號消失，就會導致寶寶找不到乳頭。為了寶寶著想，剛生產完的貓媽媽還是不要去洗澡比較好。

動物資料　家貓

學名	Felis silvestris catus
分類	哺乳綱食肉目貓科
棲息地	全世界
懷孕期	約65天
產仔數	2～6隻

老到可以當爺爺和奶奶

洞穴螯蝦寶寶的雙親

洞穴螯蝦是一種住在美國洞窟中的透明淡水龍蝦。由於處在一片黑暗的洞窟當中，所以眼睛看不見。但也因此演化出了探測範圍寬廣的觸覺用以確認周遭的事物。

有紀錄顯示牠們曾經活到175歲，是種非常長壽的動物。想當然耳，要長大到可以生育小孩的年齡就要經過一段漫長的歲月，新手爸媽的年紀是從100歲開始起跳的！對螯蝦寶寶來說，雙親

已經是老爺爺和老奶奶等級了。

或許聽到這件事讓人昏倒，但在牠們的世界裡100歲都還算是年輕人。有種說法認為，之所以會如此長壽的其中一個原因，是因為洞穴螯蝦盡可能地不消耗能量，抑制代謝的關係。在嚴苛的洞窟中以為數不多的浮游生物為食，要想求生就得靜止不動，也難怪成長的速度會緩慢到令人覺得有些驚恐的地步。

 動物資料 洞穴螯蝦（澳洲螯蝦）

 學名 ▶ Orconectes australis

分類 ▶ 軟甲綱十足目蝲蛄科

棲息地 ▶ 美國的洞窟

 孵卵期 ▶ 數個月

 產卵數 ▶ 數十顆

大白鯊寶寶在媽媽腹中
坐擁乳汁而白得發亮!?

會吃海豚及海獅等動物，以最強掠食魚之名威震四方、名氣響亮的大白鯊。關於那樣的大白鯊，在最近的研究（※）中有了驚人發現——鯊魚寶寶是喝營養豐富的母乳長大的。而喝母乳的地方，竟然就是在媽媽的子宮裡！

根據調查結果顯示，懷孕初期的大白鯊媽媽會從子宮內壁分泌大量的乳狀液體給寶寶。就如同標題所述，在媽媽肚子裡的寶寶們渾身都是奶。變得一身雪白的同時，也健康快樂地越長越大，等到身體有 1.3～1.5 m 那麼大的時候就要準備出世囉。

鯊魚的生殖方式分成兩種，一種是產卵的卵生，另一種則是會生出寶寶的卵胎生。其中，大白鯊是屬於卵胎生，卵先在子宮內孵化後再生出小寶寶。

動物資料 大白鯊

學名	Carcharodon carcharias
分類	軟骨魚綱鼠鯊目鼠鯊科
棲息地	全世界的海域
懷孕期	約11～18個月
產仔數	2～15隻

※根據沖繩美島（沖繩美ら島）財團綜合研究中心的研究

懶熊寶寶從小就很懶!?

居住在印度等地的森林裡的懶熊。雖然名字裡有個「懶」字，但絕對不是因為牠們很懶。懶熊擅長爬樹，就連用長爪吊掛在樹枝上也都做得到。因為是夜行性動物，所以在白天睡大頭覺的模樣很像樹懶，才被人們擅自取了這個名字，是一種沒關係動物。

懶熊明明是熊，卻經常可以看到熊媽媽把小熊揹在背上移動的光景。讓小熊待在背上有一個優點，那就是敵人不容易注意到寶寶的存在，母子還可以迅速地逃跑。

只不過，若是親眼看到小熊自己抓住熊媽媽的長毛並往背上攀爬的模樣，感覺就像在利用熊媽媽好作為一種輕鬆移動的手段，這樣想倒也不無可能。咦？搞不好還真的挺懶惰的!?

 動物資料　懶熊

 學　名 ▶ Melursus ursinus

分　類 ▶ 哺乳綱食肉目熊科

 棲息地 ▶ 印度、斯里蘭卡

 懷孕期 ▶ 6～7個月

產仔數 ▶ 1～3隻

盤麗魚寶寶
喝黏糊糊的奶水長大

在南美洲的亞馬遜河裡有種淡水魚名為盤麗魚（七彩神仙魚），因其美麗的外表而有「熱帶魚之王」的美稱。盤麗魚一次會產下50～300顆左右的卵，而且是由夫婦共同養育孩子。

卵經過3～4天後孵化成魚，再等一段時間魚寶寶就會開始游泳，緊貼在親魚的身邊。此時，親魚的身體會釋出一種叫做「盤麗魚乳汁（discus milk）」的黏稠液體。雖然叫做「乳汁」卻一點也不白，是透明的。當親魚的身體逐漸黯淡變黑，就是在分泌黏稠乳汁的證據。因為連公魚也會分泌乳汁，所以夫妻倆可以輪流給予。竟然連爸爸也可以提供乳汁，如此完美的奶爸要去哪裡找！

在這個盤麗魚乳汁當中含有可提高免疫力的成分，是一種優質蛋白質，據說喝下它的寶寶不僅能夠健康長大，連成長的速度也比別人還要快唷！

動 物 資 料　盤麗魚

 學 名 ▶ Symphysodon

 分 類 ▶ 條鰭魚綱鱸形目慈鯛科

 棲息地 ▶ 南美

 孵化期 ▶ 3～4天

 產卵數 ▶ 50～300顆

南方巨鸌寶寶是以媽媽吃過的屍體嘔吐物為食

在南極大陸等地生活的南方巨鸌。名字裡雖然有個「鸌」字[※2]，但牠們並不是海鷗，而是一種鸌科的海鳥。

最驚人的是牠們吃的食物。南方巨鸌是食腐動物，會將死掉的海豹或鯨魚等動物的肉津津有味地吃下肚。有時候，也會對企鵝的雛鳥或蛋伸出魔爪。

蛋經過2個月左右就會孵化，在大到能夠離巢以前還要花上3～4個月的時間，在這段期間

內雛鳥得仰賴親鳥餵食，不過吃的東西相當沒關係。那就是大啖腐肉的親鳥再吐出來的嘔吐物。

對人類來說，嘔吐物是再糟糕不過的東西了，但由於鳥類的嗅覺並不發達，所以完全沒問題。讓雛鳥吃嘔吐物可說是相當尋常的一件事。正因為是半消化的嘔吐物，所以非常適合作為副食品。

話雖如此，撇去嘔吐物不談，應該還是有其他更好吃的食物才對……？

動物資料 南方巨鸌

學名 Macronectes giganteus

分類 鳥綱鸌形目鸌科

棲息地 南半球

孵卵期 約55～66天

產卵數 1顆

※譯註2：南方巨鸌的日文為「オオフルマカモメ」，「カモメ」是指海鷗。

用便便當作副食品是正確的嗎？

創刊號寶寶雜誌《沒關係之蹣跚學步俱樂部》由衷感謝讀者們大力支持，便便副食品大特輯在此盛大開辦啦！

你以為你知道，但其實你不知道！「食糞」的優點

吃掉自己的或是其他動物的糞便的行為叫做「**食糞**」。似乎有很多人類都覺得很不可思議：「明明還有其他更好吃的食物，為什麼要刻意去吃糞便呢？」不過**食糞**最大的優點在於，能夠將糞便中殘留的重要營養素一滴不剩地攝取乾淨。

除此之外，能夠獲得從其他食物中無法攝取

便便副食品有「媽媽的味道」！不管是營養或好菌都一次攝取

就連寶寶也會吃糞便。雖然也會依種類而異，但是在剛出生不久時「便便副食品」是必要的。藉著吃下媽媽或爸爸的糞便，寶寶可以補充必要的好菌及養分

至體內！請新手媽媽們

的營養素，這也是很棒的一點。會積極攝取糞便的兔子，就是一個很好的例子呢。

不必感到惶恐，試著餵便便給寶寶吃吧！

附帶一提，也是有一種叫做人類的動物，明明腸內住著無數的大腸桿菌，但不知為何只要進到嘴巴裡就會生病呢。

但是生而為人，絕對不可以去吃大便，這點還請各位多加留意啊！（蹣跚學步俱樂部編輯部）

CASE STUDY

大家是用什麼方式在吃便便副食品的呢？
來聽聽《沒關係之蹣跚學步俱樂部》的受訪者們怎麼說！

綠色的糞便
就是pap的
特徵

吃下pap的寶寶的體重，會在2週內增加為2倍。也多虧了pap，等到寶寶長大後就可以吃尤加利葉囉。
（無尾子女士言）

🐨 無尾熊親子

無尾子女士與無尾蘭弟弟（出生後1個月）

被稱作「pap」的軟便，是由媽媽的盲腸製作而成。裡面含有豐富的蛋白質等養分，以及消化尤加利葉所需的微生物及酵素、解毒劑等。

🦛 河馬親子

河美女士與河霸弟弟（出生後1週）

河馬寶寶之所以會吃媽媽的糞便，是為了攝取消化酶與腸內菌。寶寶在臨近可以吃草的時期，會去吃便便來幫助消化。

糞便對我們
而言是不可
或缺的存在

有時候身為媽媽的我也會去吃寶寶的糞便，或是吃自己的糞便。我最喜歡糞便了！（河美女士言）

我們兔子的
糞便是一顆
一顆的

由於我們代謝能力高且內臟較小，所以只吃一次的話沒有辦法把食物消化完全。為了重新消化，成年兔子也會吃糞便唷～（兔美女士言）

🐰 兔子親子

兔美女士與兔一郎弟弟（出生後8週）

兔子寶寶在出生後8週的這段期間，會去吃媽媽的糞便（稱作盲腸便）。從此以後，又會為了吃糞便而利用糞便來整頓腸道環境。

第2章

即使如此也要活下去!
奮力求生的
沒關係寶寶

對野生的動物寶寶而言,
要在大自然與嚴苛的生存競爭中存活下來是非常辛苦的。
不過,牠們把在演化過程中獲得的「沒關係經驗」化作武器,
拼死拼活地在夾縫中求生存。

倉鼠寶寶太會玩捉迷藏

讓媽媽很困擾

作為寵物非常搶手的倉鼠對我們來說，是一種相當熟悉的動物對吧？不過，牠們原本是分布在歐洲及亞洲的沙漠等乾燥地區的鼠類，會在地面下挖掘地洞和隧道生活。也因為這樣，對倉鼠寶寶而言，唯有巢穴是牠們會覺得安全的地方。因為順應本能地認為外面的世界很危險，所以只要出了巢穴，一發現狹窄的地方就會想鑽進去躲起來，這是倉鼠的天性。

就算是全家人一起到了巢穴外面，也會因為受到「真糟糕！我不能被敵人發現！」的本能驅使，而想方設法要把自己藏起來。結果就造成倉鼠媽媽徒增多餘的工作，要拚命地把躲起來的孩子們找出來再帶回巢穴。被孩子們來回折騰這一點就連人類也是一樣，非常地辛苦呀。

 動物資料　歐洲倉鼠

 學名　Cricetus cricetus

 分類　哺乳綱囓齒目倉鼠科

 棲息地　從比利時到歐洲中部、西伯利亞西部、羅馬尼亞南部

 懷孕期　15～17天

產仔數　4～12隻

藏酋猴寶寶常常被當作成猴用來和好的道具

不論公猴或母猴都長有一把美髯，全身上下體毛叢生的藏酋猴。公猴在一般情況下並不會主動去抱孩子，不過公藏酋猴卻是個例外。除了抱著、照顧猴寶寶之外，還會充當玩伴陪寶寶一起玩耍，非常溺愛子女。

話雖如此，牠們仍有好戰的性格，公猴幾乎每天都在吵架。

在想要和好或是想討地位較高的公猴歡心時，就會出現「架橋（bridging）」這種罕見行為，不

過此舉對寶寶而言只會造成困擾而已。想要和好的公猴會獻上對方所喜歡的可愛寶寶，如果對方願意接受，接下來彼此就要互相合作把寶寶高舉起來。簡直就是獅子王的場景。不過，寶寶和雙方失和一點關係也沒有。不曉得被舉起來的猴寶寶心裡做何感想哇？沒關係！

動物資料 藏酋猴

學名	Macaca thibetana
分類	哺乳綱靈長目獼猴科
棲息地	中國中東部
懷孕期	6個月
產仔數	1隻

嘛～真拿大人們
沒辦法呀

今天也請多多
指教！

哪裡，我才是
請你多多指教

倉鴞寶寶從小就要學會

懂得察言觀色

一般而言，雛鳥都會邊張大嘴巴邊喊：「我的！我的！」以嗷嗷待哺之姿，爭先恐後地搶著吃親鳥帶回來的食物。這是一種為了在自然界中求生的本能，不過在某個研究（※）中卻發現，倉鴞寶寶為了其他還在餓肚子的兄弟姊妹著想，竟然可以把食物讓出去。

地對巢中最飢餓的雛鳥說「你吃你吃」，把食物讓給牠。

一般認為這是一次產下許多孩子的倉鴞才會出現的行為。手足之間絕不會為了搶食而骨肉相殘，像這樣彼此和睦、和平忍讓的精神，我們人類真應該好好向牠們學習呢。

倉鴞的雛鳥們可以藉著鳴叫聲，讓兄弟姊妹們知道自己的空腹程度。而且，據說還會很識相

動物資料 倉鴞

學名	Tyto alba
分類	鳥綱鴞形目草鴞科
棲息地	非洲大陸、北美大陸、南美大陸、歐亞大陸南部及西部
孵卵期	約30天
產卵數	一般5顆（2～9顆）

※根據瑞士的洛桑大學的生態學者們的研究

指猴

寶寶要學會

鑿洞取物的技術得花4年

在非洲的馬達加斯加生活的猴類——指猴。日本有首童謠「♪指猴（アイアイ）」是以輕快明亮的曲調做成，在大眾心中留下可愛的印象，但其實現實中的指猴有著一副令人感到毛骨悚然的模樣，算是牠們的沒關係特色之一。明明沒有做什麼壞事，卻因為那副模樣而在當地被視為「惡魔的使者」、「不吉利的象徵」等等，有很多難聽的稱呼。

指猴是靠著演化而來的細長中指在吃飯的。首先以中指連續敲擊樹幹，藉聲音來確認有沒有蟲子在裡面。如果認為裡面有蟲，就會用堅硬的門牙咬出一個洞，接著以修長的中指探入洞中把蟲子拉出來吃掉。

指猴在出生後18週左右就會開始尋找獵物，但是據說以中指辨音的技術要花上4年左右才有辦法出師。不趕快練成的話就會一直餓肚子，空有中指而不知如何是好。

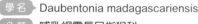

動物資料　指猴

學名	Daubentonia madagascariensis
分類	哺乳綱靈長目指猴科
棲息地	馬達加斯加
懷孕期	約170天
產仔數	1隻

袋鼠寶寶的救命繩索

是媽媽的口水

在袋鼠的肚子上有個袋子稱作育兒袋，牠們會把小孩放進裡面來養育。袋鼠寶寶一生下來就是體長只有2cm左右的超級早產兒，而且是從媽媽排出糞便和尿液的屁股上的小洞（泄殖腔）出來的。也就是說，要想抵達媽媽的育兒袋還真是路途遙遠呢。

若要說寶寶是怎麼從泄殖腔移動到媽媽的袋中，其實移動路徑是靠媽媽舔舐後留下的口水當作路標，寶寶再憑自己的力量一路

往上爬。為了幫助不知該何去何從的寶寶，媽媽會舔出一條直達袋子的道路來引導牠。寶寶循著口水的味道，死命地、瘋狂地爬過去。

或許有人會想說「那媽媽直接把寶寶迅速地放進袋中不就好了嗎」，但是此時的寶寶脆弱到碰觸的話恐會因為衝擊太大而死掉，所以不要去碰反而是出自媽媽的愛意唷。

動物資料 袋鼠

學名	Macropus
分類	哺乳綱雙門齒目袋鼠科
棲息地	澳洲、塔斯馬尼亞島、新幾內亞島
懷孕期	30～40天
產仔數	1隻

褐色擬椋鳥寶寶

在垂掛於樹枝上的鼻水巢裡長大

褐色擬椋鳥寶寶竟然是在鼻水形狀的鳥巢裡長大的。雖然造型很古怪，但是這個巢是為了保護蛋和雛鳥所設計出來的，是出自親鳥的「汗水與『鼻水』」的結晶」。

首先，牠們會選擇周遭沒有其他樹木的孤樹作為築巢的場所，因為會吃蛋的猴子不喜歡沒有遮蔽物的地方。接著以草木的纖維細膩地編織，像吊掛盆栽般吊在細枝的前端，鼻水形狀的鳥巢就

大功告成！由於是建在樹枝的前端，所以才會像鼻水一樣搖來搖去的，但也因此讓蛇之類的外敵不敢輕易靠近。長約60～180cm的鳥巢一經風吹就會隨風搖擺，看起來更像鼻水了。

雖然從外人的角度來看是種很沒關係的形狀，但對雛鳥來說是個能夠安居的家。就算再怎麼像鼻水，媽媽那不亞於建築師的努力還是不容否定的。

動物資料 褐色擬椋鳥

 學名 Psarocolius montezuma

 分類 鳥綱雀形目擬黃鸝科

 棲息地 哥斯大黎加

 孵卵期 13～18天

 產卵數 一般2顆

藍鯨寶寶只要1小時就會變大4kg

不僅是世界上現存的動物當中最巨大的，和那些被認定在古時候曾經存在於地球上的恐龍等生物相比，依然能以最大體型自恃的藍鯨。而至今為止所觀測到的最大藍鯨，其體長有34m，且體重竟然重達了177～200噸呢。

因此，藍鯨寶寶也是超級巨嬰。剛出生時體長就有7m左右，體重則有約2.5噸。當體型大到如此驚人，每天喝下的母乳量自然也是相當豐碩。因為平均1天會喝下380～570ℓ的奶水，所以只消1天體長就會多約3.8m，體重也會多個100kg左右。換算下來，這意味著1小時就會長高約15cm、體重多4kg左右。只要1小時體重就會增加4kg，讓人不禁擔心身體有沒有辦法跟得上這樣的顯著變化，但是對藍鯨寶寶來說只是理所當然的日常罷了。

動物資料 藍鯨

 學名 Balaenoptera musculus

 分類 哺乳綱鯨目鬚鯨科

 棲息地 全世界的海域

 懷孕期 10～11個月

產仔數 1隻

國王企鵝寶寶比媽媽還要大隻

而且很像椰棕刷

國王企鵝的雛鳥全身被褐色的毛所包覆，簡直就像是椰棕刷。

長得跟父母親一點也不像。而且，牠們的身形比親鳥大上一圈，能夠長到體長100cm左右這麼大隻，所以跟爸爸媽媽站在一起的時候只會有種強烈的突兀感。蹣跚學步的雛鳥走起路來，看起來活像是位喝醉的大叔。

若要說為什麼會長到這麼大隻，其實是為了度過嚴冬，趕在魚量豐富的夏天先吃一吃囤積起來所致。據說在這毛茸茸的體態中，有一半以上的部分都被胃給占去了。

囤積脂肪的雛鳥，在食物短缺的冬季會待在只由雛鳥組成、名為「托兒所（Crèche）」的群體裡過冬，癡癡地等待去遠方捕魚的父母親歸來。等到冬天差不多要結束時，國王企鵝雛鳥已驟然瘦成皮包骨，又再一次回到飢腸轆轆的狀態。

動物資料 國王企鵝

學名 ▶ Aptenodytes patagonicus

分類 ▶ 鳥綱企鵝目企鵝科

棲息地 ▶ 副南極地區的島嶼

孵卵期 ▶ 約55天

產卵數 ▶ 1顆

大得嚇人！

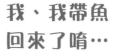

我、我帶魚
回來了唷…

冠海豹寶寶
只有4天的時間可以喝母乳

公冠海豹將鼻子膨脹時看起來就像頭巾一樣，因此被命名為冠海豹。而說到母冠海豹，牠們養育孩子的時間只有短短4天，這是哺乳類當中最短的。也代表了一個可憐的事實：寶寶只有4天的時間能和媽媽在一起。

其中的一個原因和母乳的營養價值之高有關係。超高卡路里的冠海豹母乳是牛乳的15倍左右、脂肪含量60％，喝下乳汁的寶寶只要4天，體重就可以從20kg快

速成長到40kg。此外，據說和體型龐大的媽媽早點分別，有助於減少被敵人發現的風險。

原以為和子女分離的媽媽想必會很傷心，誰知道事實正好相反，牠們會立刻去尋找下一個對象當老公。或許也是種生存本能吧，但一想到寶寶的心情，還是讓人覺得有點寂寞感傷啊！

動物資料　冠海豹

學名	Cystophora cristata
分類	哺乳綱食肉目海豹科
棲息地	北極海
懷孕期	11個月
產仔數	1隻

雞寶寶的鳥喙上
長著一顆超小的牙齒

我們人在吃飯的時候會使用牙齒。但有件事不曉得各位知不知道，其實雞寶寶——也就是小雞，牠們也有牙齒呢！

一般來說，人類的牙齒是長在嘴巴裡的器官，不過小雞的牙齒竟然是長在外側的。而且那個地方就在鳥喙上！有如玻璃質般的三角形微微凸起物就是小雞的牙齒。暗想「長在那個地方不是很沒意義嗎」而嗤之以鼻的各位，請你先回想一下小雞從蛋中孵化

而出的那個瞬間。從蛋的內側不斷傳出的叩叩聲，就是小雞正在使用這個卵齒擊破硬殼。

只不過，這個卵齒是孵化後就會立刻脫落的超稀有物品。就跟人類的乳牙脫落（換牙）時的情況很類似。附帶一提，像烏龜這類從卵中誕生的動物，也同樣具有卵齒唷。

動物資料 雞（小雞）

 學名 Gallus gallus domesticus

 分類 鳥綱雞形目雉科

棲息地 全世界

孵卵期 約20天

產卵數 1顆

卵齒

黑猩猩女寶寶
會用樹棍玩假想遊戲

各位喜歡玩洋娃娃或玩偶嗎？

據說智能和人類3歲兒童相當的黑猩猩，似乎也很喜歡玩玩偶呢。

根據最近的調查（※）結果顯示，黑猩猩女孩會把樹枝當作人偶抱在懷裡，做出宛若媽媽在照顧小孩的動作，這樣的情景在14年的觀測期間有超過100次以上的目擊記錄。在這當中，偶也會有把樹棍帶回巢中，一個人躲起來默默玩人偶假想遊戲的寶寶。這個動作在公猩猩或媽媽那

輩的母猩猩身上是看不到的，似乎是女寶寶特有的行為，一般認為是為了將來可能為人母親所做的預先演練。人類也會玩扮家家酒之類的遊戲，而黑猩猩亦同。

話雖如此，看到自己的女兒一個人在玩人偶假想遊戲，或許爸爸媽媽還是會忍不住擔心：「到底有沒有順利交到朋友呀？」

動物資料 黑猩猩

學名 Pan troglodytes

分類 哺乳綱靈長目人科

棲息地 非洲

懷孕期 約243天

產仔數 1隻

※哈佛大學的生物人類學者們花費14年，針對棲息在烏干達的基巴萊國家公園的黑猩猩所做的調查

不到6個月大的人類寶寶 其實並沒有在哭!?

就如同日本有句俗語「嬰兒的工作就是哭」所言，剛出生沒多久的人類寶寶常常在哭。但有件事不曉得各位知不知道，如果仔細去看看那些出生後未滿6個月大的嬰兒，就會發現他們明明有在哭卻「沒有流眼淚」。

眼淚是為了保護眼睛而產生的。事實上，在剛出生的時候製造淚液的功能還尚未成熟，所以儲存不了足夠排出體外的眼淚。再加上哭泣時流不出眼淚量，因此哭泣時流不出眼淚。

者，由於腦部也尚未成熟，所以也不會因為「悲傷」、「疼痛」這些感情而哭泣，雖然寶寶是出自於某些原因而哭，但看起來只像在大聲喊叫而已。隨著逐漸長大，才慢慢發現：「哦？原來哭泣可以表達某些意思？」並且加以學習。如果看到寶寶在哭，請不要覺得那是在假哭，找出原因並好好安撫他們吧。

 動物資料　智人

 學名 → Homo sapiens

 分類 → 哺乳綱靈長目人科

 棲息地 → 全世界

懷孕期 → 約10個月

產仔數 → 1人

多明尼加樹蛙寶寶如果太乾燥就用爸爸的尿液來潤澤保養

多明尼加樹蛙從卵中誕生的時候，一出來就是青蛙的模樣。普遍而言，青蛙都是從蝌蚪開始當起的居多，那為什麼多明尼加樹蛙會這樣呢？答案和牠們居住在水較少的環境有關。因為蝌蚪無法在沒有水的地方存活嘛。

爸爸會將媽媽產下的卵用身體覆住，持續護卵數週直到卵孵化為止。有時候還會用自己的尿液淋在卵上，保護孩子們免於乾燥。雖然聽起來臭臭的，但對牠

們來說，尿液也是非常珍貴的水分。多明尼加樹蛙的沒關係特色就是孩子們沐浴在尿液的恩惠之下。

在日本有種森樹蛙也會做出類似的行為，當母蛙在產卵的時候，會有數隻公蛙將尿液淋在卵上。利用後腳混拌做出蛋白霜狀的卵泡，乾掉之後就能形成堅固的保護膜，保護卵不受乾燥和外敵侵襲。尿液，還真厲害！

槽糕～是乾燥注意警報！
我要來澆尿液了唷～！

有爸爸幫我們澆淋尿液，
覺得既快樂又感激呀～

那馬瓜沙雞寶寶

從爸爸的羽毛裡啜飲滴落的水

那馬瓜沙雞是在非洲南部沙漠中生活的鳥類。當沙雞爸爸在沙漠中發現珍貴的水源（綠洲，Oasis）時，就會將腹部浸在水中讓羽毛飽含水分，再飛回鳥巢裡。接著，讓雛鳥們把鳥喙插到浸濕的羽毛當中，供孩子們喝水。

混雜了沙漠沙子和爸爸汗水等雜質的水，就這樣被雛鳥們咕嚕咕嚕喝下肚！可以儲存在羽毛裡的水量，最多是40mℓ左右。聽起來只有8小匙那麼少的分量，但

是雛鳥們卻可以喝到將近10分鐘呢。

由於水源處離巢穴有幾十公里遠，老實說奔波的爸爸滿辛苦的。有人可能會想說「那在近一點的地方築巢不就輕鬆多了」，但是在水源處會有很多動物前來喝水，所以充滿了危險。為了可愛的子女化身搬水工人的爸爸，今天也在努力加油呢。

動物資料 那馬瓜沙雞

 學名 Pterocles namaqua

 分類 鳥綱沙雞目沙雞科

 棲息地 南非的喀拉哈里沙漠

 孵卵期 約22天

 產卵數 2～3顆

好想立刻讓爸爸看看！這位「奶爸」超厲害！

不論在哪裡，人類界到處都有奶爸風潮！
不過，動物界的育兒奶爸可是更勝一籌哦？

在動物界當育兒奶爸是理所當然的！

所謂「奶爸」，就是指「負責育兒工作的男性」，是人類界的用語。

但是早在這個詞在人類界風行的更早之前，動物界就已經將奶爸視為理所當然的角色了，不曉得各位知不知道呢？

由爸爸負責細心照顧孩子們，或在卵的階段守護孩子周全等，當中甚至還有爸爸會自己產子的動物唷!?儘管依種

即使如此也要努力加油！爸爸們的努力令人無比動容

舉例來說，從祖先開始就不會飛行的大型鳥類——鴕鳥，是奉行一妻多夫制。由於媽媽在生完蛋之後會立刻離去，所以爸爸得要「不吃不喝不拉撒（大便）」片刻不離地幫蛋保溫。

除此之外還有皇帝企

類會有所不同，但是育兒奶爸在動物界仍是占多數的。

鵝爸爸，在低達零下60℃的超級寒冬中忍受飢餓與酷寒，日以繼夜地持續孵蛋；產婆蟾爸爸用後腳把卵塊揹在身上，直到孵化成蝌蚪以前都卵不離身地照料著……。

全動物界的爸爸們每天不停奮鬥，都是為了要**提高孩子們的存活率。讓人感動到淚流不止的努力**啊！（蹣跚學步俱樂部編輯部）

76

CASE STUDY

本篇將介紹動物界首屈一指的育兒奶爸們。
請人類界的爸爸們也多多向牠們學習哦！

有人說我「明明是公的，看起來卻像懷孕了」

我的懷孕期是10～25天。讓媽媽產下的卵在育兒袋中孵化，從自己的肚子裡釋放出約2000條小魚的時候，當下就覺得一切都是值得的。（海男先生言）

🐾 海馬親子

海男先生與海寶弟弟（出生後1週）

爸爸的腹部上有個稱為育兒袋的袋狀構造，在媽媽產下的卵變成小魚以前，都是由爸爸小心保護著。腹部膨起的爸爸看起來就像位孕婦呢。

🐾 黑頸天鵝親子

小黑先生與寶寶們（出生後1週）

棲息於南美南部的黑頸天鵝爸爸，會把出生的雛鳥們揹在背上移動，而且為期竟然長達1年呢。總是相伴在側守護孩子。

爸爸的背上非常舒適唷！

我們家人之間的關係非常親密唷。一次產下的蛋有4～8顆，孵卵期約36天。因為是夫妻倆一起養育孩子，所以是段美好的快樂時光呢！（小黑先生言）

我充分感受到了爸爸對我的愛

媽媽在生產過後會立刻懷下一個孩子唷。懷有身孕還要照顧小孩實在太辛苦了，為了減輕媽媽的負擔，就由我來負責育兒工作。（狨魯先生言）

🐾 普通狨猴（白鬚狨）親子

狨魯先生與狨男弟弟（出生後8週）

育兒中的爸爸其體內接受血管加壓素（或稱抗利尿激素，vasopressin）的蛋白質會增加。據說這種物質有助於加深對愛情和羈絆等的投入程度。

第**3**章

Before & After
華麗大變身!

歷經變化的
沒關係寶寶

有以沒關係之姿降生於世的寶寶，
也有長大後外貌（打扮）變得很沒關係的寶寶！？
來來來，動物寶寶們的「沒關係大變身」，
就請各位客官來瞧一瞧唄！

貓熊寶寶剛出生的時候
身分認同意識薄弱

有如下垂黑眼圈般的黑白花紋，再加上和寶寶相仿的身形、似人的舉動等等，集結了種種可愛要素而大受歡迎的貓熊。今日所說的「貓熊（panda）」，指的是大貓熊（giant panda）。說到這中間的來龍去脈，是因為較早被發現的小貓熊先被命名為「貓熊」，在那之後大貓熊才被發現，但是較晚被發現的那一方變得太有名了，結果大貓熊反被人們叫做「貓熊」，而小貓熊（lesser panda）則被冠上有「較小的」之意的單字「lesser」。聽起來很複雜對吧？

貓熊寶寶剛出生的時候是粉色的。嬌嫩的皮膚上長著白色的胎毛，還看不出來是什麼動物。大約是在出生後1個月才開始變得黑白分明。搞不好連牠們自己也料想不到將來竟然會變成黑白色呢。

紅鶴

寶寶只有腿的部分充滿肌肉且粗壯精實

說到紅鶴的特徵就是那粉紅色的身體，不過剛出生不久的雛鳥可是雪白色的。要變成親鳥那樣的粉紅色，需要花上2年左右的時間。紅鶴吃的藻類中含有β-胡蘿蔔素及角黃素等，是受這些成分中的色素影響才漸漸地轉變成粉紅色。

紅鶴寶寶的腳也很有特色。腿相對於身體的比例太大，看起來就像是一對不協調的粗壯大腳。粗大的部分是從寶寶時期開始就

這麼大了，紅鶴寶寶的這對粗壯大腳，接下來會隨著身體成長逐漸產生變化，最終變成剛剛好的尺寸。

附帶一提，那個看起來像膝蓋的部分，其實是腳後跟。也因此，關節可以向前彎曲。雖然和人類彎曲的方向相反，但請不要覺得噁心呀！

動物資料 紅鶴

學名 Phoenicopterus
分類 鳥綱紅鶴目紅鶴科
棲息地 非洲、南歐、中南美洲
孵卵期 約28天
產卵數 1顆

亞洲象寶寶

生來活像個老頭子

在印度及東南亞等地生活的亞洲象，從以前就被用來幫忙搬運沉重的貨物、舉辦宗教性儀式等等，和人們的生活密不可分。

亞洲象寶寶出生時的體重約有100kg重，但一生下來身體就皺巴巴的。而且薄薄一層胎毛讓寶寶看起來毛髮稀疏，活像個老爺爺一樣。儘管模樣看起來老態龍鍾，但牠們在出生後能夠立刻站起來，展現其魁梧堅強的一面。

在大到能夠吃草以前的這數個月期間，寶寶都是喝母乳以及吃媽媽富含營養的糞便長大的。吃下糞便能夠攝取在消化方面所需的細菌及酵素至體內，所以有著一張滿是皺紋的爺爺臉的象寶寶才會大口享用糞便。

動物資料 亞洲象

學名 Elephas maximus

分類 哺乳綱長鼻目象科

棲息地 印度北部、東南亞等

懷孕期 615～668天

產仔數 1隻

雙峰駱駝寶寶如果鼻尖不變長的話

將無法在沙漠中生存

正如其名，特徵是背上長著2個巨大駝峰的雙峰駱駝。牠們在蒙古等地區的沙漠中生活，相當抗暑，即使沒有水也能進行長距離移動。

由於雙峰駱駝寶寶的鼻尖較短，尚未形成「駱駝臉」，所以有著一張可愛的臉蛋。讓人不禁覺得：「這樣的可愛請繼續保持下去！」但其實會隨著成長而逐漸變長的這個鼻尖，對雙峰駱駝而言是不可或缺的重要器官。在變

長的鼻子裡有種構造叫「側面鼻寶囊」，是其他動物所沒有的。這個超級厲害的構造不僅可以在鼻子吐氣時使水分不易散失，還能在呼吸時把鼻子完全封住不讓風沙跑進來。儘管有長成一張憨臉的風險，為了獲得可以在嚴峻的沙漠中求生的身體，成長時將鼻尖延伸出去果然還是必要的。

 雙峰駱駝

 學名 Camelus bactrianus

分類 哺乳綱偶蹄目駱駝科

 棲息地 中國、蒙古

懷孕期 約13個月

 產仔數 1隻

咦～好討厭啊，
原來長大之後鼻子
就會凸出去嗎…

紅腹錦雞寶寶

只能在超華麗跟素色當中二選一

在中國及緬甸的高海拔地區生活的雉科動物——紅腹錦雞。就如同字面上叫做「金雞」或「錦雞」，牠們的特徵是金色的冠羽與色彩斑斕的身體。

雖然公鳥就像埃及豔后克麗奧佩托拉般神聖不可侵犯，不過最近也有人認為牠們頭上的那頂金毛和美利堅合眾國的唐納‧川普總統神似，而一度成為熱烈討論的話題。

華麗的外貌只有雄性才有，雌

性則帶有黑色斑紋般的褐色羽毛而顯得相當樸素。為了繁衍後代，公鳥需要藉著華麗的外貌來吸引母鳥。剛出生沒多久的紅腹錦雞雛鳥長得跟小雞很像，超級可愛。光看外觀是難以辨識性別的。過約1個月之後羽毛才會漸漸地轉變，到時就知道到底誰是公是母了，話雖如此，還是逃不過成為「豔麗的克麗奧佩托拉」還是「素色鳥」這二擇一的命運

呀。

動物資料 紅腹錦雞

學名 Chrysolophus pictus

分類 鳥綱雞形目雉科

棲息地 中國、西藏、緬甸北部

孵卵期 22～24天

產卵數 6～10顆

駝鹿寶寶的外觀跟曬衣夾一模一樣

駝鹿是世界上最大的鹿科動物。據說大隻的駝鹿甚至高達2m30cm，這還只是算到牠們肩膀的高度而已。在過去曾記錄的駝鹿當中，光是鹿角部分，最大的就有超過2m以上。是種在路上遇到了會令人十分驚恐的尺寸呢。

如此巨大的駝鹿所生的寶寶，腳當然也很大。腿超乎想像地長，從正面來看的話就像是曬衣夾。或許修長的腳聽起來有幾分令人羨慕，可一旦親眼見到了也

只能感受到大大的突兀感。

那些太大的部分是從小時候開始就這麼大了。往後隨著身體成長、變大，腳的長度帶來的視覺衝擊也會逐漸趨於淡薄，但還是掩蓋不了牠們在寶寶時期的長腳明顯和身體尺寸不合的事實。這些有如曬衣夾般的腳，或許也讓駝鹿寶寶覺得「好想做點什麼趕快長大」也說不定呢。

動物資料 駝鹿

學名 Alces alces

分類 哺乳綱偶蹄目鹿科

棲息地 加拿大、北歐等

懷孕期 約243天

產仔數 1隻

銀色烏葉猴寶寶
限時3個月是金色

正如其名，有著銀色（silver）色的猴子是寶寶，請大家愛護牠們！」的指標等等，有各種推論。

像黑猩猩等動物的寶寶屁股上長有白色的毛，聽說在這段期間寶寶備受同伴的關愛與呵護，可是等到白毛消失之後便會開始被嚴加管教。在3個月之後，銀葉猴寶寶的身體就會變成銀色了。想必在期間限定那時一定很受大家的歡迎吧。

體毛的銀色烏葉猴。有趣的是，寶寶出生時卻是金色（gold）的。是有愧於「銀色」之名的顏色呢！一般情況下，為了讓敵人不容易發現自己，小孩出生時的顏色大多會比雙親來得樸素，但是為什麼銀葉猴會是這麼顯眼的顏色咧？

有一說認為理由是「在森林中走散時有助於家長找回孩子」，也有人主張顏色是代表「有這種顏

 動物資料　銀色烏葉猴

 學名 ▸ Trachypithecus cristatus

 分類 ▸ 哺乳綱靈長目獼猴科

 棲息地 ▸ 東南亞

 懷孕期 ▸ 6～7個月

產仔數 ▸ 1隻

※譯註4：日本商家要推出限時特賣、限定商品等特殊活動時會打出的廣告詞。該詞在中文圈有普及化的趨勢。

藍腳鰹鳥寶寶

要把雙腳變成藍色才會受歡迎

在南美厄瓜多的加拉巴哥群島上生活的藍腳鰹鳥，正如其名，是有著一雙藍腳的鳥類。這雙彷彿穿著鮮豔藍靴般的腳，是源自於牠們所食用的沙丁魚。沙丁魚中含有類胡蘿蔔素，這種色素累積久了腳就會變成藍色。

剛出生沒多久的藍腳鰹鳥寶寶的腳還是純白色的。在這之後持續食用沙丁魚的話，腳就會漸漸變成藍色。

腳藍就證明該鳥的狩獵技巧很厲害且身體健康，容易受到雌性的青睞。也因此，牠們的求偶舞十分獨特。公鳥會在母鳥的周圍一邊緩慢踏步一邊跳舞，這正是在賣弄自己的腳有多麼地藍。若男寶寶也想在日後成為炙手可熱的對象，就得吃下很多沙丁魚才行呢。

（ 動 物 資 料 ）藍腳鰹鳥

學名 Sula nebouxii

分類 鳥綱鰹鳥目鰹鳥科

棲息地 加拉巴哥群島及美洲大陸西岸

孵卵期 6週

產卵數 1～2顆

擁有一對麻煩的角的命運

螺角山羊寶寶無法逃離

在波斯語中有「野生山羊之王」之意的螺角山羊，是山羊當中體型最大的種類。最有特色的公羊角呈V字形螺旋狀延伸，散發著一種有如傳說神獸般的神秘尊貴感。牠們還有個別名叫做捻角山羊，不過還是不及英文名的markhor來得貼切。

甚至可以長到160cm的長長公羊角，並不會每年汰舊換新。此生都會不斷往上迴旋延伸，所以看起來相當笨重。另一方面，雖

然母山羊也會長角，但是既小又脆弱，所以常常會發生因為頭槌攻擊導致角斷掉、角往奇怪的方向扭曲等等，而成了一對沒關係羊角。

當然，羊寶寶出生時是沒有角的狀態。話雖如此，不管是生為男孩子或女孩子，都只有「會不斷捲曲的重角」或「一下就斷的脆弱角」這兩種極端選項在等著牠們。

動物資料　螺角山羊

學名：Capra falconeri
分類：哺乳綱偶蹄目牛科
棲息地：從喜馬拉雅山脈到喀什米爾地區
懷孕期：約168天
產仔數：1隻

※譯註5：俗名「markhor」是從波斯語的mar（蛇）和khor（吃）合併而來。但「食蛇羊」比照其習性似乎說不過去，有些人認為是在形容迴旋狀的羊角就像蛇身。

96

澳洲針鼴寶寶生來就有張大叔臉

而且矮矮胖胖的

背上有著刺蝟般的針的澳洲針鼴。那不修邊幅的模樣就像是會說出「喂，給我拿杯啤酒來！」的癡肥姿態。

針鼴是老鼠？還是鼴鼠呢？或許會抱持這樣的疑問，但其實兩者皆非。

正確答案是：牠們是會產卵的鴨嘴獸的近親。澳洲針鼴媽媽會把像蟲般帶有軟殼的卵產至肚子上的袋狀器官──育兒袋中，經過10天左右寶寶就會孵化而出。

澳洲針鼴寶寶剛出生的時候既沒有針也沒有毛，全身光溜溜的。就像是頂著光頭的大叔一樣。

由於澳洲針鼴沒有乳頭，所以寶寶要找到分泌乳汁的乳腺並緊緊黏在媽媽的肚子上。為避免刺傷媽媽的肚子，等3個月過後離開育兒袋，針才會開始長出來。一切都很順利而完美呢。

動物資料　澳洲針鼴

學　名 ▶ Tachyglossus aculeatus

分　類 ▶ 哺乳綱單孔目針鼴科

棲息地 ▶ 澳洲、塔斯馬尼亞島、新幾內亞島

孵卵期 ▶ 10天

產卵數 ▶ 1顆

智利巴鹿寶寶

出生後前2個月跟山豬沒兩樣

世界上最小的鹿科動物——智利巴鹿。另一個大家比較少聽過的可愛名字「普度（pudu）」，則是南美洲的原住民馬普切族（Mapuche）的語言，意指「小小的鹿」。也就是字面上的意思。

智利巴鹿寶寶體長約25cm、體重約800g，是相當嬌小的尺寸。由於從出生到2個月大左右的這段期間牠們背上都有白色斑點花紋，再加上短小的四肢，所以與其說是鹿倒不如更像山豬。

讓人忍不住心想：「這是小西瓜[※6]（＝對山豬小孩的暱稱）吧？」差一點就要認錯了。

據說之所以只在寶寶時期帶有斑點花紋，是因為有偽裝效果。融入森林之中，就不容易被敵人發現。話雖如此，跟山豬寶寶相似到這種程度，搞不好就連真正的山豬也會認錯呢!?

動物資料 智利巴鹿

學名	Pudu puda
分類	哺乳綱偶蹄目鹿科
棲息地	南美南部
懷孕期	207～223天
產仔數	1隻

※譯註6：原文「うりんぼ」，因為小山豬身上的花紋像西瓜（葫蘆科＝うり科）而得名。

幫手？
是什麼？
好吃嗎？

其實不只媽媽在照顧！有育兒好幫手的動物

形成群居社會的動物大多都會有非親生母親的幫手在幫忙育兒。
想要繁衍後代的本能以及在族群中求生的策略真有趣！

現在才在問好像有點丟臉！只有地位高的雌性可以生小孩的理由

組成高社會性群體生活的廣大朋友們。族群裡的育兒工作可以有「幫手」，實在是很值得慶幸的一件事呢。

舉例來說，在族群中有所謂階級地位，「地位低的雌性」以外其他人都不能生小孩的情況。「地位低的雌性」們成了專屬的幫手，會幫忙地位高的雌性照顧小孩。這是**因為獵物的量**

有限，為了避免食物短缺，所以沒辦法大家一起生小孩。

此外，和卵生魚類等動物相比，哺乳類雌性在懷孕期間的熱量耗損較大，因此要把生產減少到最低限度，一般認為這也是原因之一。另一方面，從地位低的雌性的立場來看，牠們也不是本身樂於幫忙，只是因為要是被趕出族群的話，不僅要煩惱食物的來源也無法保障人身安全，種種不利的因子太多，心中暗想「也只能

乖乖照做了！」才伸出援手的，應該也不在少數吧。

在超女社會的群體裡，媽友間互助扶持是必要的

此外，若是在雌性較為厲害的「母系社會」中生活，則可以看到大家經常與可靠的前輩媽媽交流，**或是和媽友分享心得等光景**。在育兒方面互助扶持是不可或缺的嘛！(蹣跚學步俱樂部編輯部)

CASE STUDY

本篇將介紹許多動物好幫手的例子。
不論是媽媽也好幫手也罷，對寶寶的愛意是亙古不變！

懂嗎？
要像這樣捕捉
獵物喔

依年齡及能力等條件來判斷，給予相應的獵物來教育孩子。隨著孩子慢慢成長，在日後就會直接給予活生生的獵物。（媽媽咪獴女士言）

狐獴的好幫手
媽媽咪獴女士的情況

負責教育課程的幫手不會殺死獵物，先使其無法動彈後，再交付給孩子們。如此一來，孩子們就可以學習捕獲獵物的方法及處置方式。

斑點鬣狗的好幫手
斑琪女士的情況

斑點鬣狗的育兒作業是在共同的育兒區內進行，哺乳是由親生母親負責。不過，若媽媽們之間血緣關係相近，就會交換小孩來協助哺乳工作。

平常都是
像這樣哺乳

嗯？你說哺乳？啊啊，就順便一起餵囉。因為族群的孩子們就是大家的小孩。雖然群體社會也挺辛苦的，但就努力生活囉！（斑琪女士言）

育兒當中
最基本的就是
互助！

初次生產、不熟悉育兒方法的新手媽媽需要幫助時，就是我們這群歐巴桑登場的時候囉！伸出援手幫助同伴成為能獨當一面的媽媽。（環子女士言）

環尾狐猴的好幫手
環子女士的情況

經驗老到的媽媽會幫分泌不出母乳的新手媽媽代為哺乳、照顧孩子等等，母環尾狐猴之間會彼此互助扶持。

第 4 章

謝謝你出生來到這世上！

誕生方式
挺沒關係的
寶寶

動物寶寶們的誕生方式也是五花八門。

不論出生前還是出生後都危機四伏，要平安長大也得費一番心力。

儘管如此，牠們仍竭盡全力求生。

沒關係，即使如此也要努力加油！

狗寶寶剛出生的時候沒有耳孔⁉

狗的智力很高，除了作為寵物飼養之外，還能當警犬、導盲犬、獵犬等，是人類的生活中無可取代的存在。剛出生的狗寶寶其眼睛與耳朵都還張不開，在出生後的前2週左右，是目不識物、耳不能聞的狀態。並不是牠們沒有耳孔，正確來說，是耳孔還處於閉闔狀態才對。

即使如此，狗那據說有人類1000～1億倍的靈敏嗅覺，在寶寶時期依舊功能健全。再

者，由於也能感知到溫度，所以可以藉著氣味和熱度跌跌撞撞地找到媽媽的乳頭。

附帶一提，剛出生不久的寶寶也沒有辦法靠自己大便。因此，媽媽會舔舐寶寶的屁股肛門附近，來刺激牠們排便。儘管狗被公認為十分聰明，在寶寶時期若沒有媽媽仍難以生存。

動物資料 家犬（狗）

學名	Canis familiaris
分類	哺乳綱食肉目犬科
棲息地	全世界
懷孕期	50～70天
產仔數	3～12隻

變色龍寶寶的人生第一次變身

戲劇性地超級早

變色龍寶寶在剛出生的時候都了防衛本能而變身成變色龍紋。

變色龍媽媽在生完小孩之後會立刻離去前往其他地方，不會養育孩子。因為沒有任何人會來保護自己，所以在出生當下就只能靠自己保護自己了。才剛出生竟然就可以自立自強，實在是太堅強了。沒關係，即使如此也要努力加油！

變色龍寶寶在剛出生的時候都還只是綠色，沒想到在須臾之間體色就會變化成變色龍紋。讓人不禁覺得：「反正最後都會變嘛，那為什麼不直接以變色龍紋的樣貌出生咧！」但這其實和變色龍的皮膚特性有關。變色龍的皮膚是透明的，而且有許多奈米結晶存在於內部，當這些物質反射光線後體色就會有所變化。

在出生瞬間的純綠色正是牠們原本的顏色。在下一秒鐘，啟動

動物資料 變色龍

學 名 Chamaeleonidae

分 類 爬蟲綱有鱗目避役科

棲息地 除撒哈拉沙漠以外的非洲大陸、阿拉伯半島南部、
印度、斯里蘭卡、巴基斯坦、馬達加斯加

孵化期 一般5～7個月

產卵數 一般17～80顆

南方胃育蛙寶寶

在媽媽的胃裡出生長大

有個別名叫做「鴨嘴獸蛙」的南方胃育蛙。之所以稱作胃育蛙，是因為母蛙會將產下的卵放在胃裡養育，再從嘴巴生產（吐出來），是種相當罕見的蛙類。

「放進胃裡的話不會被消化掉嗎？」或許有不少人抱有這個疑問，但其實媽媽把卵吞下肚之後就會開始絕食，讓胃液停止分泌。多麼驚人的努力啊！胃在瞬間變成了子宮。而且在胃裡孵出的蝌蚪，還會分泌一種可防止被胃液溶解的化學物質。

就這樣把卵吞下去，經過6～7週再把長大成蛙的子女吐出來。為了保護孩子而將其放在胃裡養育的奇想，以及絕食將近1個月半的媽媽的努力，實在是屬害到令人瞠目結舌。

只不過，這樣的努力最終還是化作了泡沫，在1980年代時這種蛙類正式滅絕。目前重生計畫正在進行中。南方胃育蛙，請再等等吧！

 動物資料 　南方胃育蛙（胃育溪蟾）

學名 ▶ Rheobatrachus silus

分類 ▶ 兩生綱無尾目龜蟾科

棲息地 ▶ 滅絕物種

孵卵期 ▶ 6～7週（胃裡）

產卵數 ▶ 18～25顆

I will be back!!
「我會回來的！」

在媽媽的嘴巴裡
最讓人感到安心！

牛寶寶最常誕生於滿月之夜!?

自古以來有個傳說:「在月圓之夜生產會增加。」於是,東京大學研究所的研究人員決定以牛作為實驗模組來進行驗證(※)。針對「428隻牛的生產日」以及「顯示月亮陰晴圓缺程度的月齡」這兩者之間的關係進行調查後發現,在滿月前至滿月的這3天期間,牛隻的生產的確是呈現增加的趨勢,而且該結果就統計學來看幾乎是被認可的。沒想到神秘的傳說竟然是真的!

雖然尚未解開其中的原理,不過目前已經發現在魚貝類生物中,有些種類會在潮差較大的大潮日滿潮(滿月)時產卵。在該特定時間生產,有助於卵乘著浪潮運送至大海,所以後代的存活率會比較高。搞不好這些相關的基因還殘留在牛或是人類的身上也說不定。月亮的影響力真是深不可測呀。

 動物資料　家牛

 學名　Bos Taurus

 分類　哺乳綱偶蹄目牛科

 棲息地　全世界

 懷孕期　280天

產仔數　1隻

※根據東京大學研究所與北里大學的研究人員之研究結果

眼鏡王蛇寶寶即使出生了 也絕對見不到媽媽

蛇類當中唯一會築巢，在巢中產下20～50顆卵的眼鏡王蛇。卵孵化成蛇需要耗費60～80天，這段期間母蛇會在巢的周圍盤繞成一圈守護著卵，意外地有著溺愛孩子的一面。雖然眼鏡王蛇是以其他種類的蛇及蜥蜴等為食，但牠們彼此會同類相食的行為也已被證實，所以蛇媽媽得保護卵不被其他公蛇之類的敵人吃掉才行。

只不過，在卵快要孵化之前，媽媽就會離開巢穴了。當孩子還是卵的時候，因為荷爾蒙的影響讓蛇媽媽產生「護卵」的行為，但若見到以蛇的姿態出生的子女，恐怕會順應本能將牠們通通吃下肚，所以才會消失無蹤的吧。即使寶寶免於被自己的親生母親吃掉，卻完全沒機會和媽媽見到面。唔嗯……沒關係！

 動物資料 眼鏡王蛇

 學名 Ophiophagus hannah

 分類 爬蟲綱有鱗目眼鏡蛇科

 棲息地 印度東部、印尼、柬埔寨等的東南亞地區

孵卵期 60～80天

 產卵數 20～50顆

負鼠寶寶的兄弟姊妹太多

乳頭的數量不夠

負鼠的外觀雖然和老鼠很像，但牠們歸屬於有袋類，和袋鼠一樣是利用肚子上的袋狀器官——育兒袋來養育孩子。負鼠的懷孕期為12～14天，在哺乳類當中是最短的。而且，牠們一次還會生下8～18隻負鼠寶寶。

期望藉著步調快又多產的策略，盡可能地留下更多後代。話雖如此，為數眾多的手足要全數存活是相當罕有的事情。寶寶是依照出生順序進到育兒袋裡吸附袋中

的乳頭，但是媽媽的乳頭數只有13個。要是同一批誕生的寶寶超過這個數量，很明顯地乳頭數便會不足，好不容易出世的孩子就只能面臨死亡的命運。

從乳頭爭奪戰中脫穎而出的寶寶，經過10週左右就會離開育兒袋，緊抓著媽媽的背四處移動。手足之間喋喋不休、一片嘈雜之中，大家都緊黏在媽媽身上以免自己掉下去。

動物資料 負鼠

學名	Didelphis
分類	哺乳綱負鼠目負鼠科
棲息地	美洲大陸
懷孕期	12～14天
產仔數	8～18隻

考氏鰭竺鯛寶寶
在爸爸的嘴裡出生長大

考氏鰭竺鯛分布在地中海及其周邊的西大西洋的多岩淺海地區。這種魚一到了繁殖期——夏天，就會恩愛地成雙成對結伴生活。在那之後，母魚所產下的卵團就交給公魚用嘴巴一口接住！一瞬間還以為是不是目擊到爸爸把魚卵吃掉的畫面而大吃一驚，但牠們名為口孵魚（mouthbrooder），直到卵孵化以前都會將卵放在嘴巴裡養育，是種生態罕見的魚類。因為又小

又毫無防備的卵很容易被其他的魚吃掉，所以才在爸爸的口中誕生。再也沒有比這裡更安心又安全的場所了。

想必各位也注意到了一件事——把卵放在嘴巴的這段期間，爸爸什麼東西都不能吃。由於考氏鰭竺鯛原本就是以小型蝦蟹類、其他魚的卵、小魚等生物為食，所以從某方面來說，牠們不會把自己的孩子吃掉還挺不可思議的。

 動物資料 考氏鰭竺鯛（泗水玫瑰）

 學名 Pterapogon kauderni

 分類 條鰭魚綱鱸形目天竺鯛科

棲息地 印度洋至太平洋

 孵化期 約1週

 產卵數 一般20～30顆

118

我呀，
是超級奶爸王～！

喂喂，剛才有個可怕的傢伙你們有看到嗎？

啊，有有有！

還是爸爸的嘴裡安全多了

三刺魚寶寶
在爸爸做的黏糊糊巢中誕生

三刺魚是一種會育兒的魚類，由魚爸爸製作魚巢，而且直到孩子離巢以前都會相伴在側無微不至地照料著。牠們是利用腎臟分泌的黏稠液體來固定住水草的截斷處製作成魚巢，成品是僅供一條三刺魚通過的隧道。正如其名「愛巢」字面上的意思，公魚把巢蓋好之後就會向母魚求偶，希望佳人能為自己產卵。

但不知道是什麼原因，在那之後爸爸就會早早把媽媽趕出去，掉呢。

開始自己的育兒生活。生產完的媽媽被趕出家門之後大多會死亡，公魚則以單親爸爸的身分養育孩子們。除了要擺動胸鰭，搧（fanning）新鮮的水輸送給巢中的卵，還要修復黏糊糊的巢等等，忙得不可開交。或許黏糊糊的這點多少令人有些在意，不過對孩子們來說再也沒有比這裡更安全的地方了。話雖如此，一旦看管稍有鬆懈，卵還是有可能被偷吃

 動物資料 三刺魚

 學名 Gasterosteus aculeatus

分類 條鰭魚綱刺魚目刺魚科

 棲息地 北半球的副寒帶地區、日本

 孵卵期 7～8天

產卵數 40～300顆

刺蝟寶寶剛出生的時候
背上的100根針是收起來的

背上長著無數根棘刺的刺蝟。

名字當中雖然有個「鼠」字[※7]，但牠們不是鼠類，而是鼴鼠的遠親。

其實刺蝟寶寶在剛出生的時候，背上100根左右的棘刺早已埋藏在體內。看到那全副武裝、渾身是刺的模樣，令人不禁擔心：「媽媽的產道會不會因此而傷痕累累呀？」但就和牛、狗、貓等動物一樣，內含羊水的羊膜包覆著寶寶全身，柔滑的構造有助於生產，所以不會有問題。而

且棘刺不是在長在皮膚表面，是埋藏在皮膚底下。在出生後不到1小時，棘刺便會漸漸浮現，再過1天的話更成了又白又軟的刺！由於棘刺是毛硬化而成，所以最初是從柔軟狀態開始變化，隨著成長才會漸漸地變成和父母相同的棘刺。就像魔術秀一樣呢。

動物資料 刺蝟（歐洲刺蝟）

學名	Erinaceus europaeus
分類	哺乳綱蝟形目蝟科
棲息地	歐洲、中東與近東、東亞等
懷孕期	約35天
產仔數	3～4隻，有時11隻

※譯註7：刺蝟的日文為「ハリネズミ（針鼠）」。

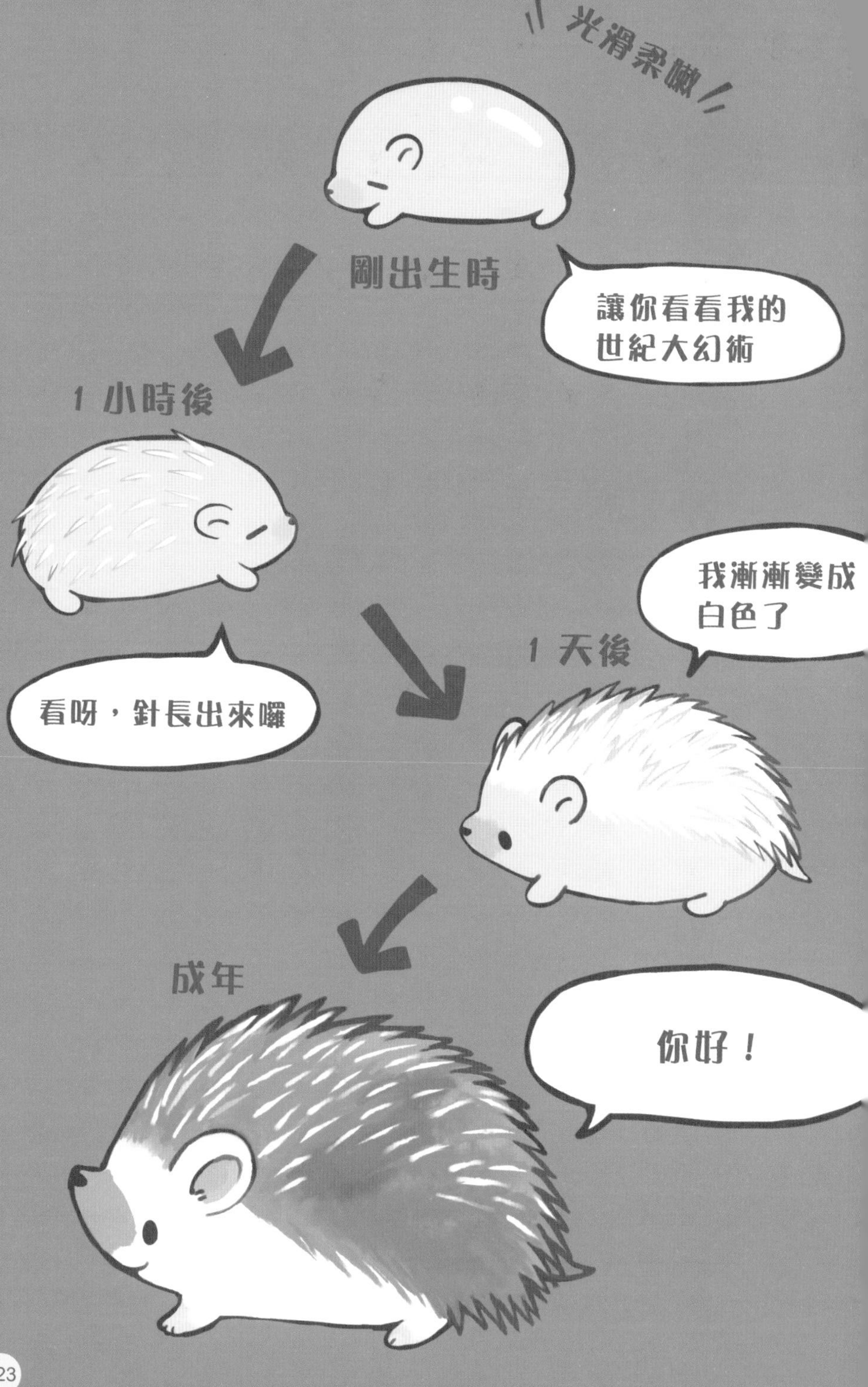
光滑柔嫩
剛出生時
讓你看看我的
世紀大幻術
1 小時後
看呀，針長出來囉
1 天後
我漸漸變成
白色了
成年
你好！

海龜寶寶
一路鬥志高昂地向大海行進

海龜媽媽在沙灘挖洞並產下約100顆的卵，經過2個月左右後幼龜們就會從卵中孵化而出。

雖然媽媽在產卵時會流淚，但那只是正從眼睛裡排出多餘的鹽分罷了，所以並不是因為疼痛或悲傷而哭泣。一切都是人們的想像力太豐富啦！

有件事不曉得各位知不知道，此時爬向大海的幼龜們，當下正處於情緒非常高昂、充滿鬥志的狀態！「慘了！得趕快前往海

裡！」的想法占據了牠們的腦海，滿腦子都是要前往大海的事，整整2天的時間不吃不喝一路游向遠洋。這種行為叫做興奮期（frenzy）。大多數幼龜都會被海鷗等天敵吃掉，能平安長大的寥寥可數。所以，才要趕快遠離充滿危險的陸地。哪怕是要強迫自己燃起鬥志也在所不惜，因為若是不積極一點的話可能就無法存活了。

 海龜

學名 ▸ Chelonioidea
分類 ▸ 爬蟲綱龜鱉目海龜總科
棲息地 ▸ 熱帶至副熱帶的區域
孵化期 ▸ 約2個月
產卵數 ▸ 約100顆

【哺乳類】

穴兔 …………16
海獺 …………20
座頭鯨 …………22
湯氏瞪羚 …………24
大象 …………26
歐卡皮鹿 …………30
貓 …………32
懶熊 …………38
兔子 …………45
河馬 …………45
倉鼠 …………48
藏酋猴 …………50
指猴 …………54
藍鯨 …………60
冠海豹 …………64
黑猩猩 …………68
人類 …………70
普通獮猴 …………77
貓熊 …………80
亞洲象 …………84
雙峰駱駝 …………86
駝鹿 …………90
銀色烏葉猴 …………92
螺角山羊 …………96
澳洲針鼴 …………98

智利巴鹿 …………100
斑點鬣狗 …………103
狐獴 …………103
環尾狐猴 …………103
狗 …………106
牛 …………112
刺蝟 …………122

【有袋類】

無尾熊 …………18、45
蜜袋鼯 …………28
袋鼠 …………56
負鼠 …………116

【甲殼類】

洞穴螯蝦 …………34

【兩生類】

多明尼加樹蛙 …………72
產婆蟾 …………76
南方胃育蛙 …………110

【鳥類】

非洲雉鴴 …………14
南方巨鸌 …………42
倉鴞 …………52

褐色擬椋鳥 …………58
國王企鵝 …………62
雞 …………66
那馬瓜沙雞 …………74
鴯鶓 …………76
皇帝企鵝 …………76
黑頸天鵝 …………77
紅鶴 …………82
紅腹錦雞 …………88
藍腳鰹鳥 …………94

【魚類】

大白鯊 …………36
盤麗魚 …………40
海馬 …………77
考氏鰭竺鯛 …………118
三刺魚 …………120

【爬蟲類】

變色龍 …………108
眼鏡王蛇 …………114
海龜 …………124

聽了我們的沒關係趣聞軼事之後，
有什麼感想呢？

能理解我們每天都在為了活下去
而拚命努力嗎？

難不成，在各位的眼裡看來……

只覺得我們的故事
「既愚蠢又好～有趣哇！」

我們可是一直拚了命在努力求生呢

所以說，要是以後有機會看到我們

沒關係！即使
如此也要努力加油！

能用這句話幫我們打打氣就好了！

以後有緣再相見啦！掰掰！

良忠明（いまいずみ・ただあき）監修

乳類動物學者。1944年生於東京都。畢業於東京水產大學（現為東京海洋大學）。在國立科學博物館學習哺乳類
分類學及生態學。參與過文部省（現為文部科學省）的國際生物學事業計畫（IBP）調查、環境廳（現為環境省）的
辰山貓生態調查等。上野動物園的動物解說員、靜岡縣的「貓咪博物館」館長。近年的主要著作、監修書籍有《戀
物動物圖鑑》、《雖然長歪了 沒關係動物圖鑑》（中文版皆由瑞昇文化出版）、《おもしろい！進化のふしぎ ざんね
ないきもの事典（好有趣！進化不思議 遺憾動物事典）》（高橋書店）、《泣けるいきもの図鑑（讓人想哭的動物圖
》（学研プラス）等。

LE

然又歪了！沒關係動物寶寶圖鑑

AFF
版	瑞昇文化事業股份有限公司	
修	今泉忠明	
者	蔣詩綺	
編輯	郭湘齡	
主編輯	蔣詩綺	
字編輯	徐承義　李冠緯	
術編輯	孫慧琪	
版	執筆者設計工作室	
版	明宏彩色照相製版股份有限公司	
刷	龍岡數位文化股份有限公司	
律顧問	經兆國際法律事務所　黃沛聲律師	

名	瑞昇文化事業股份有限公司
撥帳號	19598343
址	新北市中和區景平路464巷2弄1-4號
話	(02)2945-3191
真	(02)2945-3190
址	www.rising-books.com.tw
ail	deepblue@rising-books.com.tw

版日期	2021年3月
價	320元

ORIGINAL JAPANESE EDITION STAFF

イラスト	鮎 (P14、P20、P24、P28、P30、P34、P36、 P40、P42、P48、P52、P62、P64、P74、 P80、P84、P88、P92、P96、P98、P100、 P106、P110、P112、P120、P124)
	かなンボ (P16、P18、P22、P26、P32、P38、P44、P45、 P50、P54、P56、P58、P60、P66、P68、P70、 P72、P77、P82、P86、P90、P94、P103、 P108、P114、P116、P118、P122)
裝丁・デザイン	粟村佳苗（NARTI;S）
DTP	ALPHAVILLE DESIGN
文	手塚よし子（ポンプラボ）
編集	宮本香菜、佐々木幸香

國家圖書館出版品預行編目資料

雖然又歪了!沒關係動物寶寶圖鑑 / 今泉忠明
監修; 蔣詩綺譯. -- 初版. -- 新北市：瑞昇文
化, 2019.03
128面; 14.8 x 21公分
譯自：それでもがんばる!どんまいな赤ちゃ
んどうぶつ図鑑
ISBN 978-986-401-321-0(平裝)

1.動物行為 2.通俗作品

383.7　　　　　　　　　　　108003159